讲述世界的课堂

牛艺澎 著

中国海洋大学出版社
·青岛·

图书在版编目（CIP）数据

讲述世界的课堂/牛艺澎著.—青岛：中国海洋大学出版社，2014.8
ISBN 978-7-5670-0714-7

Ⅰ.①讲… Ⅱ.①牛… Ⅲ.①人生哲学－青少年读物 Ⅳ.①B821-49

中国版本图书馆CIP数据核字（2014）第191868号

出版发行	中国海洋大学出版社
社　　址	青岛市香港东路23号　　邮政编码 266071
出 版 人	杨立敏
网　　址	http://www.ouc-press.com
电子信箱	appletjp@163.com
订购电话	0532-82032573（传真）
责任编辑	滕俊平　　　　　　　　电　　话 0532-85902342
印　　制	青岛双星华信印刷有限公司
版　　次	2014年11月第1版
印　　次	2014年11月第1次印刷
成品尺寸	144 mm×210 mm
印　　张	2.5
字　　数	60千
定　　价	15.00元

写在前面

我首先要提及的一件事,这本书主要介绍一些新的思想方法,并运用这些思想方法,逻辑地、从无到有地剖析一些概念,比如说世界。

第二件事,这本书为您保留了很多自由的空间,具体是什么,就作为您阅读时的一个惊喜了。

第三件事,我写这本书的原因。"因为我想写,所以我就写了!"——这种不负责任的话我是不会说的,因为这不过是把我写书的原因再定义为"我想写"罢了(第三课)。不过,我们其实经常被这样类似的原因唬住,这应该也是语言的力量体现吧(第五课)。重归正题,在小学四年级时,我想写本小说,因为那时候看了不少动画和小说,但没有完全令我满意的,于是就想自己创作一本有深度的科幻小说。可是一个小学生能写到什么程度呢?后来只写了两章就放弃了。

小说暂时停笔了,但是为了小说有深度而写的日记却没有停笔。这本日记不记事,只记想法,比如:

> 一切的一切，都幻化为虚无。化作尘埃归于泥土，化作烟雾归于大气，化作星光归于夜空。我们都是当中一点。当点与点联结起来，就成就了我们，成就了世界。于是终有一天一切消亡之时，虚无已不再是虚无，而是一场美丽的梦境。

在这本记了几年的日记中——当然仍在继续——有不少与本书观点相符的，也有不少与本书观点相左的。从表面上来说，除了上面那段本书再无引用；但从内里来看，这本日记就是本书的第一版。我真正喜欢上思考，大概也是由这本日记开始的。

上了高中之后，我想"写了本书"听起来挺厉害的，那就写一本吧——反正早晚都是要写的，想做就立刻去做（第十九课）。写了一年有余，推翻了五个版本之后，现在您眼前这本，就是我的定稿，就是使我成为我的事物之一，就是我。

亲爱的读者，我十分感谢您能拿起这本书。如果您只是随意拿起一本书，那我们实在是有缘，而我也会努力不让您放下它；如果您是想要使这本书成为您已阅书籍数中的一个"1"，那么您也做了一个正确的选择，因为这本书很薄，很容易读完；如果您是一位想要认认真真读完这本书的读者，那么我一定倾尽全力，不负您的厚望。

这不仅是一本有趣的书，更是一本赋予"快乐"全新意义的书；

这不是一本讲大道理的书，而是一本讲在世界上理所当然却常被忽略的小道理的书；

这不仅是作者创作的书,更是每个读者自己创作的书,您将再一次创作它;

这不仅是一本书,而是有多少认真读它的读者,就有多少不同版本的书;

这不仅是一本书,更是一个课堂;一个教您理所当然之事和有意识地加以运用方法的课堂;一个能给您呈现一种正确的、可行的对世界的视点的课堂。

欢迎来到讲述世界的课堂。

请务必不要跳读,否则会造成理解上的困难。

最后,把本书的精华之一,送给要将这本书放回书架的读者作为饯别礼:

不开心的时候,就笑一笑吧!

牛艺澎

2014 年 7 月 21 日

目 录

第一课　想象 / 读书的方法　　　　　　　　　1
第二课　溯源法 / 人行动的原则　　　　　　　7
第三课　再定义 / 什么是快乐,为什么寻求快乐　11
第四课　概念混淆 / 如何寻求快乐　　　　　　14
第五课　表述 / 语言的力量　　　　　　　　　17
第六课　分类与归纳 / 找出选项的方法　　　　22
第七课　评估 / 选择选项的方法　　　　　　　25
第八课　实时评估 / 防止迷失的方法　　　　　28
第九课　理性的感性 / 人的两大品质　　　　　31
第十课　相对性 / 存在与不存在　　　　　　　33
第十一课　辩证法 / 明确自己的主观态度　　　36
第十二课　科学的思想 / 科学　　　　　　　　39

第十三课 理解与接受 / 起源　　44

第十四课 去偏见 / 应对改变的态度　　46

第十五课 理解与利用 / 恐惧　　50

第十六课 因果分析 / 进化等　　55

第十七课 接收与流出 / 信息　　59

第十八课 真伪辩证 / 我与世界　　62

第十九课 开始行动 / 创造　　65

第二十课 总结　　67

参考文献　　70

第一课 想象／读书的方法

曾经有这样一种说法，只看动画片不看书，使现在的小孩的想象力退化了。不论其对错，读书确实是锻炼想象力的，因为读书需要想象。

回想一下，当您在读一本小说时，您的脑海中应该有一幅画面，这幅画面使小说读起来更生动；而在回想时，回想起来的也不是原原本本的文字，而是画面，说明您正是通过画面记忆小说的内容。

既然想象能使人进入书中，又能加深记忆，那么我们就不应当只在叙事写景的书中运用想象。这节所讲的"读书的方法"，不单是读这本书的方法，更是读所有书的方法。

要讲想象力的这一个用法，首先要讲讲想象力才行。

所有感觉的基础，就是对感觉的记忆。有了足够的基础性的记忆，就几乎可以想象一切事物。再有，我接下来带您做的，是所有人都可以做到的，除非您事先想的是"这个我绝对做不到"。

我们先从简单的开始。

• 听觉

请您在脑海里播放一首有歌词的歌,如果一时想不起什么歌,可以现听一首。想象时,要尽量清楚一些,比如歌手在哪个地方换气,什么伴奏在哪里出现。在比较完美地再现之后,试着把声音放到周围环境中,就好像真的有台音响或是身临演唱会现场一样。重复做几遍,相信您会慢慢找到感觉。

然后,选择一首没有词的曲子,重复上一段的步骤。因为没有歌词作为线索,所以可能会困难一些。一曲成功之后,可以加大难度再试一试,从一种乐器到多种乐器,从短时间到长时间,比如从钢琴曲到交响乐,从一小节到整个交响乐套曲。

最后,我们可以挑战一下——想象没听过的声音,比如读一段文字,然后想象某人朗诵的声音,或者想象一段钢琴曲如果用小提琴拉出来会是如何。

• 嗅觉,味觉

请您想象一种强烈的气味,比如香水味、榴莲味。同样,想不起来可以现闻一闻。

然后,想象一些淡一点的气味,比如今天早饭的气味,或是野花的香味。

最后,请想象一种您从未闻过的气味,比如香油兑汽油的气味,或尝试把两种、三种、四种气味混合在一起。如果正确那当然好,但如果不正确也不要紧,关键是那种真实的感觉。

味觉也是如此想象。

- **视觉**

首先,盯着你身边的某个构造简单的小物品看,要拿起来看它各个角度是什么样的。闭上眼睛,想象它的每一个细节。这并不会很困难,因为我们眼中高清的部分大约只有您现在看到的两个字那么大,甚至更小,其他部分其实模糊得不得了。[1] 所以在整体地想象时,需要想象得十分清晰的地方只有一个点,其余部分有轮廓就足够了。

成功后,把眼睛开,找一个平面把它"放"上去,改变您看它的角度而使它不动,好像它真的在那里一样。

我们再试着想象它漂浮起来。这时您可以借助您的手把它"捧"起来,这样把大小、位置限定住可以方便想象。试着让它翻转、变大变小、少去一块、变成两个、换颜色、拉伸、扭曲……

这样,我们已经可以做到在想象中对刚刚看过的物品进行一些改变了。

接下来,我们凭空想象出一些物体试试。

试着想象您的手里有一个简单的几何体,比如正方体、球体,重复之前的步骤。如果成功了,就想象更复杂的几何体,比如素描画中常出现的那种。然后试着想象您生活中的,但没有仔细观察过的物体,比如名片、眼睛、衣服、钢笔。看一张图片然后想象其中的物体也是不错的选择——您没有看到它的另外一侧。

然后,我们试着与想象的物体发生更复杂的互动。给自己"换"一件衣服,"撕"一张纸,或是"折"一个纸飞机都是不错的选择。接着,我们提高一下难度:找一个玻璃制品,想象你手中有个大锤,并用这个锤子把玻璃制品砸碎。

最后,我们综合一下上述技巧:看着一个玻璃窗,想象有一块石子穿过它,而没有砸破它;接着,石子逆着原来的方向飞回去,这一次砸破了玻璃;玻璃的碎片停在了半空中,又回到了原来的地方,玻璃复原了。如果能把这个练习一气呵成地做完,那么我们就可以进行下一项了。

• 触觉

还记得您刚才想象过的那个小物品吗?这次仔细摸一摸实物,然后去"触摸"想象的那个,换多种物品试一试,记住一些典型的触感,玻璃的、铁的、铜的、塑料的、橡胶的,记住其温度、粗糙度、弹性,等等。这样您就可以想象出很多物品的触感来,您可以通过"触摸"橱窗里的商品等来检验一下。

• 位觉

这个乍看很难,却是很常见的——相信您也做过从高楼上坠落或者跌落悬崖的梦吧?记住倒立的感觉、坐过山车的感觉、飞机猛然下降心脏忽然悬空的感觉、摇头的感觉,再加上练习,就很容易习得想象位觉的能力。

• 本体感

本体感让您知道自己身体的各个部分在哪里。如果想试一试"灵魂出窍"的感觉,对于本体感的想象可是基础。

同样,先做一下移动身体各个部分的动作,然后照着记忆去想象这个动作。

对于正常感觉的练习就讲到这里,接下来,让我带您超越感官的束缚。

我们分三个阶段进行：

一是感受时下个人难以实现的事；

二是拓宽感觉；

三是创造感觉。

我们方才进行的对于"悬浮""穿过""复原"的想象已经有一些沾上"感受时下个人难以实现的事"的边了，这类想象有很多，我这里带您做其中一个——"飞"。

为了增加真实感，一丝不苟地一步一步来是很重要的。

让我们利用对位觉、本体感和视觉的想象，走到一个开阔的地方，然后向上跃起，但不去想象下落，而是想象自己摆脱重力停留在空中，或是长出一对翅膀（这也是很浪漫的）。

接下来进行拓宽感觉。拓宽视野是最典型的例子。要获得一个360°的全景视野其实是很简单的事。记住眼前的景象，然后向后转，看着眼前的景象并想象您身后的景象，熟练之后，还可以试着靠听觉、触觉等想象身后的景象的变化。

创造感觉带给我们新的感官。所谓新的感官，就像是听到声音时可以看到图像。简单地组合几种感觉，就可以创造出来。

想象力的其他用法就有赖于读者您来发掘了。您可能会问，要想象力有什么用呢？您想想，做几何题用得着吧，理解相对论用得着吧，听朋友的旅行感想用得着吧，读书用得着吧，单纯地想找点乐子，也用得着吧。梦到自己自由自在飞来飞去，穿过高山大海，一路绿野仙花，总比坠落悬崖好吧。

有关想象力就讲这么多，我们现在开始为以后的课做一些准备。

　　这是一个课堂,所以要有教室,请运用刚刚练习过的技巧把自己放到一个教室里去。虽说是"教室",但大可不必被这个词束缚住,它可以是一个书斋、一个茶室、一个礼堂,甚至是一片森林,这完全根据您的喜好。

　　您还需要想象一位讲课的人,这亦是根据您的喜好,可以用您老师的形象、您朋友的形象,甚至是陌生人的形象。此人将为您讲述我的想法,并且担任更多的职能。

　　在接下来的课里,将以第一人称叙述,您将成为一名听课的学生,成为一个仅有两个出场角色的故事的一部分。

　　关于教室和讲师的想象,没有必要保持一贯性,如果您喜欢,可以一节课换一个模样。唯一需要保持一贯性的,就是您要一直保持想象。您不是在看铅字,而是在听课。

第二课 溯源法＼人行动的原则

一个人带着微笑从正门走了进来,放下手中的白板和水性笔,开始讲话:

"您好,从这节课开始,到第二十课,都由我担任讲师一职。由于诸多原因,'老师'这个词并不适合我,请称呼我'讲师';这里是您想象出来的教室,我也是您想象出的人物,从结果上来说,这是我的房间,您是我的客人,所以,我称您为'您'。

"基本上,每一节课的标题都是一种思想方法和其中某项具体的运用,二者并无轻重之分。

"现在,我们进入溯源法的学习。溯源法,是我们解决'是什么'问题时都会采用的一种方法,这里只是给它起了个名字,并具体化而已,像您要在这里学习的其他思想方法一样,对这个方法的重新认识会带给您诸多益处。"

讲师拿出白板,画了一条有很多分支的线。

"为了形象一些,我画了一条河,这

里,"他圈出了最末端的一条支流,"就是我们所面临的问题。我们要从这里回溯到源头,也就是答案。我们溯源的时候,要顺着最粗的河道走,同时还要逆着流向走,才不会到别的支流上去。接下来,我会通过回答'人行动的原则是什么'这个问题来展示溯源法的用法。我们现在看到的这段支流,是'人行动的原则',首先,我们来认真观察这条支流。所谓的观察,就是要进行头脑风暴,就仅有的几个词展开联想,进而明确目标。简洁起见,这里只列出最有用的几个联想。

"'人行动',那么这个人就是有一定行动能力的人,而行动是由于相应的意愿产生的,那么这个人就是能思考、会行动的一个人。

"'原则'可以理解为'为什么'和'准则'。"

讲师的笔在此支流上游某处写上了"人由思考导致行动的准则"。

"人行动的原因就是思考,那么思考是答案吗?那要看它是不是准则,也就是'讲师进行了思考'能否成为'讲师的行动合理正当'的保证——显然不能。

"那么,真正的准则是什么呢?既然这个行动是由思考导致的,那么合理正当的行动就应该是合理正当的思考导致的。于是,思考中用以选择是否和如何行动的东西才是主要的,这个'合理正当'的标准才是关键。"

讲师在此支流上游某处写上了"人在会导致行动的思考中采用'合理正当'的标准"。

"我们分开来看。先看'合理'。

"试想,如果有人既无外力逼迫,又无丝毫兴趣,却在做一件毫无回报的事情,这一定不是合理的。于是我们得出结论,合理的行动,一般符合'有外力逼迫''有兴趣''有回报'三个条件之一。

"我们再来看'正当'。

"其实,用我们都认同的一个标准来解释'正当',就是'合乎道德''合乎法律'。"

讲师把刚刚得出的五个短语写在了干流上。

"现在,我们已经得到答案了,只需把这五个短语用一个词代替。

"我们选了'快乐'这个词,相当于赋予这个词一个新的含义——行动的原则。至于为什么选这个词,原因是:其一,'快乐'原本的概念就与我们刚刚得出的五个词或交或并组成的集合有很大的重叠;其二,'快乐'很适合重新定义,因为它虽然是常用词,但是使用频率不算高——想想您昨天、前天说过几次'快乐';其三,此词与我即将教授的其他内容契合最佳。反过来说,在这些课程之外,您可以按自己的喜好选择一个词。

"补充一点,这个河网图也是可以逆用的。您可以试一试刚刚定义的'快乐'还有什么其他含义,具体方法敬请期待之后要讲的'分类与归纳'。"

讲师把白板擦干净,并收了起来。

"我们来想一想,是不是经常有人这么说,比如'我是为人类解放事业而活的''我是为人民服务而活的''我是为了帮助有困难的人而活的''我是为了改变世界而活的',等等。但我们知道,'活'也是个行动,那么它的目的也是获得快乐,快乐里既有人类解放事业,为人民服务,帮助有困难的人,改变世界;也有考试得个好成绩,被别人夸奖,被邻居家的猫亲近,折的纸飞机能飞好远等。所以,不要把自己的生命想得那么狭隘,要活,就既要为了改变世界而活,又要为了吃到明天早餐里那个煎鸡蛋而活才好。

"我希望我能有这样一个人生:每时每刻都在享受生活,同时对未来充满好奇与期待;在我死去时,除了没有度过未来的遗憾外,不带有任何的后悔与仇恨,满满的都是快乐。

"本节课到此为止,下节课再见——我会给您解释快乐是什么。"

第三课 再定义／什么是快乐，为什么寻求快乐

讲师走进来，放下白板。

"上课之前，我想知道您确实在用您第一课中学到的技巧——看着我、听我讲课。

"我是《Scientific American》的忠实读者。气候变化、医药革新、海洋深渊、绿色能源、浩瀚宇宙，无一不引起我强烈的好奇心。当我一次次带着天文望远镜到郊外，远离城市的光害，看到夜空低垂，满天繁星璀璨夺目，仿佛伸手可及时总会魂荡神驰，心向往之。我顾不得寒冷，不厌其烦地反复校准着我的望远镜。当群星依次从望远镜里向我闪耀着它们的光芒时，我会被深深地吸引、深深地震撼。

"我之所以会有这些爱好，是因为我能从中得到快乐。可快乐是什么呢？您马上就会知道了。

"这节课，我们来学习一下'再定义'这种思想方法。

"什么是再定义呢？与字面意思一

致，就是对一个既有的词重新定义。

"为什么要进行再定义呢？其一，有时我们会想表达一个新概念或生僻的概念，而又想不出合适的词，或想出的词太过生僻晦涩，以致阻碍了交流，这时，使用一个常用的词会更加便利；其二，使用这个词便于思考，或可以有意识地诱导自己甚至他人的思考——您在第四课会学到相应的思想方法。

"再定义时，对所选的词语有两个要求：一是常用词，但不至于每说几十句话就会出现一次那么常用——否则会影响正常的思考交流；二是其本来的意思与想要表达的概念有较大的重叠。

"怎样再定义呢？

"没有复杂的流程，只不过是选个词，把它的意思换掉。

"接下来，我来详细解释一下我对'快乐'作出的再定义。"

讲师在白板上写下"何时""何地""依托什么""为什么寻求"。

"我就照着这个思路解释吧。

"快乐是存在于何时的呢？快乐，是驱使人行动的事物，人为了得到它而行动，那么它一定存在于未来，而且只存在于未来。所谓'过去的快乐'，是驱使人进行'回忆'这个行动的、存在于未来的事物；'现在的快乐'，也是驱使人进行'感受'这个行动的、存在于未来的事物。

"快乐是存在于何地的呢？快乐，是驱使人行动的事物，人为了得到它而行动，那么它一定不存在于这里。只有像一个植物人那样，连思考这个行为都不能做时，一个人才能、也只能保持处于其个地方，所谓'手边''眼前''心里'，都不是'这里'。

用一个不太准确的比方来讲,"讲师从兜里掏出一个苹果,放在面前的桌子上,"假如这只苹果对您来说就是快乐,虽然它在您眼前,只要您不踏出一步,您就绝对得不到它。

"快乐是依托于什么的呢?快乐,是驱使人行动的事物,人为了得到它而行动,快乐,也是依托于人而存在的,依托于可以追求它的个体而存在的,在被发现并被追求之前,它是不存在的、是没有意义的。

"我们为什么要寻求快乐?这可以用之后会详细讲到的人存原理来解释:所谓'快乐',就是我们所寻求的事物;我们所寻求的事物,它就叫'快乐';不被人寻求的,都不叫'快乐'。"

讲师边擦白板边说:"这节课讲了不少,您要是不太懂,就再好好想一想吧。"

"下课。"讲师说着咬了一口苹果,"好吃,下次还到这家买。"

第四课 概念混淆丶如何寻求快乐

讲师拿着一张纸板和一沓便利贴走进了教室。

"游历了很多地方,最震荡我心灵的是尼亚加拉大瀑布,澎湃激荡,一泻千里,万马奔腾不及其万分之一。大自然神秘而又强大,使我充满敬畏。从远远听到她的轰鸣,到近看她的风姿,再近距离坐船靠近她,感受瀑布浪花的飞溅,在敬畏之心中获得了巨大的快乐。当然,旅游不是唯一获得快乐的途径。这节课我们会用新的思想方法来探索如何寻求快乐。

"上节课我说过'您在第四课会学到相应的思想方法',这个方法,就是概念混淆,与再定义搭配使用来有意识地诱导思考。

"同我教给您的其他思想方法一样,这也是我们平常有意无意都会使用的,不过造成的影响通常是不好的,比如把特征相近的人弄混,或是把名字相近的公式记错,这节课,我来带您'变废为宝'。

"用这个思想方法成功地诱导思考，就是将一个问题，转换为另外一个更容易回答的问题。这就像做函数题时把公式变形一样。不过这终究不是数学题，表述不同，得出的答案还是有偏差的。

"所以为了有利于思考，而不适得其反，就需要我们在用新词思考时，心里想的要与原本正确的概念相差极小。这样，修正就成为了概念混淆过程中最重要的一部分。

"今天，我来在'快乐'这个词上实践一下这个方法。

"第一步，将这节课标题定为'如何寻求快乐'，而不是'如何行动'。我们来进行第二步。"

讲师在纸板中央写下"愉悦"。

"为了方便交流，今后我把快乐的原意用'愉悦'代替。接下来我们要通过增增减减以尽量使这纸板上所有的词加起来的意思逼近再定义过的'快乐'。

"第一，作为一个准则，必须要时刻存在，但事实上'不愉快'的情况是存在的。为了处理这种情况，我们认为相对愉悦一些就是愉悦，这样它就时刻存在了——比如说有青橙子和黄橙子，没有蓝橙子，但是青色的更贴近蓝色一些。"讲师在便利贴上写下"具有相对性"，贴在了"愉快"旁边。

"第二，作为起决定作用的标准，一次也不能选择两种行动。"

讲师又在纸板上贴了张便利贴："总是选择最愉悦的行动"。

"第三，只根据愉悦来行动，违反了'道德'与'法律'。而作为人行动的原则，快乐应当合乎道德与法律。"讲师贴上了

"合乎道德与法律"的便利贴。

"另外,'愉悦'通常指眼前的愉悦,显然违背了许多常识和准则,而且欠考虑,比如会导致见利忘义、鼠目寸光,所以我加上这两条。"讲师继续贴了两张:"将他人的愉悦折算成自己的""将此种行为可能导致的后果中的愉悦折算进去"。

"这是我选出的在授课中必要的几条,实际运用起来还是略显不足,所以请您来把这张纸板接着完善吧。"

讲师把纸板和便利贴交给我。

"这个答案也不是不变的。首先,如同我在第二课中说的,这个中心词的选择完全根据个人喜好;其次,周围这些便利贴,随着生活的进行、心态的变化,都会换来换去,不过既然做了这样一个纸板,在换之前,我还是希望您再三斟酌。

"对了,还有一个小窍门。心理学发现有一个效应叫做'启动效应',它的作用之一就是如果您微笑,您就会高兴一点,所以,即使不开心,您也可以笑一笑。

"下课,"讲师微笑着说道,"我相信您下节课还会来的。"

第五课　表述／语言的力量

讲师走进教室，放下白板，讲道：

"我认为，'世界'这个词，可以解释为人与人的集合。我们活在这个世界中，就要与他人交流，而交流最常用的手段就是语言。

"进一步讲，我们接受的一切信息，即使不是语言，也都将要转换为语言，因为我们在进行稍复杂一些的思考时，用的都是语言。

"我们常使用语言，于是它就成为必要的了，同时具有了无穷的力量。

"对此，之后会详细讲到——请见谅，这样的课时安排已经是'之后会详细讲到'这句话出现频率相当少的一种了——在我的课程中，思考和感情是人最重要的两种品质，而语言能左右两者，这就是其力量的源头。比如：'看到的是重要的，那是世界；看到的不是重要的，那不是世界。'"讲师拿出白板，边说边写，标上了"①"。

"②是这样的，"讲师边写边说，"我们

通过各种感官获得的全部信息,就是我们的世界。但是没有任何证据,能够证明这就是真正的世界,或是别人眼中的世界,因为我们获得的一切证据亦是通过各种感官取得的,而信息不能证明自己的可靠。出于同样的理由,讨论自己认识的世界,是否是真实的世界,或是否与别人所认识的相同,是没有具有实际意义的结果的。您对①和②分别作何评价呢?"

"让我来猜一猜,您会认为①说得'深奥''有文采',而②说得'晦涩难懂''枯燥无味'……您至少有一瞬是这么想的吧?但就表意的清晰度而言,毫无疑问,②更胜一筹,更适宜于讲课——这是我讲课时不用①这样的表述的原因之一;当然,①更具文学色彩,用在诗中也许会很合适。

"如此,两个句子,一个意思,但有不同的效果。欣赏固然能得到快乐,但决定接下来自己要如何行动时,需要的不是华丽的辞藻,而是准确的信息。于是我们需要这样一种能力,即把原原本本的信息从语句中抽取出来,把①变成②。

"于是我们就要用到表述的第一个用途:挖掘信息。

"我们还是拿①做例子。

"第一步,我们来确定说话人的态度,比如'喜欢''讨厌''愤怒',找出这种态度的词语,写在一边。那么,说①时,我是什么态度呢?您不用太较真,本来所谓'作者的态度',有时作者自己也不清楚。对于①这句话来说差不多的态度,大概就是这个了。"讲师在白板空白处写了一个"装深沉"。

"接下来,我们就把里面比较重要的意思以词语的形式提取出来。"讲师边写边说:"看到、重要、世界、倒过来。"

讲师放下笔,讲道:"这里,我们看到了一个词语——'倒过来'。如果一句话里对同一个事物有相反的表述,那么不是说话人出现了错误就是另有所指——我还是认为自己是没犯错误的,于是那就是另有所指了。

"想想那些类似的谚语、格言,大都是前一句比较好理解,那么我们就从前面入手。

"'看到''重要',让我们联想到'眼见为实',因为真实,所以重要;'世界',看到的世界是真实的——看到的世界对于自己是真实的。

"前半句大抵如此。但是对于'倒过来',原句中并没有什么明确的指示,只不过把前半句倒过来说了一遍。既然不知道向哪里偏,花样就多了。"

讲师开始在白板上边标序号边说,"一、前一句是逗您玩呢:'但真实的情况并非如此';二、相比眼见的世界,还有重要得多的世界;三、对于除自己以外的人来说,自己看到了什么不是真实的世界,'您看到了什么对别人不重要';四、信息不能证明本身的可靠,'看到的世界不一定是真实的';等等。"讲师点下了省略号,盖上了水性笔的帽。

"这些就是其中的信息了,当然,运用分类与归纳——之后我会讲到——您还能找出更多后半句的意思,这里只是一些例子。

"究竟哪个是正确的呢?事先听我做了解释(②)的您可能认为只有第四个是正确的,但如果我不做那个解释,单看①,所有的都是正确的,稍微想一想,每一个也都应该与②有同等地位。

"生活中,有①和②这样关系的语句也不少,比如'原话'

和'官方解释',语文标题中的'原文'和'标准答案',法律的'条文'和'解释'等。对于这样的关系,我所推荐的应采取的态度将在十七课里讲到。

"从表述的第一个用途中,我们知道从几个词可以推导出很多解释。这里我们引出表述的第二个用途——引导思考。

"这个过程是从关键词开始的,剩下的步骤跟挖掘信息是一样的,比如提'看到''重要''世界''倒过来',得到的结果和刚才我举的例子是一样的,只不过信息不是挖掘出来的,而是创造出来的。

"使用这个方法,仅凭随机抽取的几个词语,我们就可以量产有道理的话。没有事可做的时候,这也算是一种蛮不错的、高雅的消遣;同时,这也是我讲这些课的理由——我的课的内容,都是理所当然的小事,而不是空泛的大道理,因为大道理是可以量产的,而且每个人都有自己的大道理。

"我们接着学习第三个用途——理解现实。

"这个最简单了。眼见的东西、耳闻的东西、手触的东西,等等,将其'白的''铁的''凉的'之类最简单的属性,都用语言表述出来,于是就成为了信息进入了您的视野,而不会被无视。这样,它们就成为思考的素材,也成为与世界相连的纽带——要体味世界的快乐,这是第一步。

"第四个用途——传达思想。

"就是与别人交流。

"将前三个用途反过来用,就可以得到其他三个用途:成为'收拢信息'——把一大段意思抽出关键词,再合成一小句话;'引申思考'——把一大段意思抽出关键词,再从这几个关键词出发想出更多大段的意思;'还原场景'——将现有的信息作为想象的基础,还原出信息所描述的场景。

"这些只是有关语言的用法的极小一部分,也就是经由我再定义的所谓'表述'这种思想方法。语言的神奇,还请您以后在每天使用它的时候用心体会。

"最近半年来,我的朋友——作者每天都和他妈妈说上几遍'您真漂亮''我爱您'。妈妈听了,笑容更多。她快乐,而说此话的朋友也获得了更多的快乐。您也可以试试经常夸赞别人——比如我。

"下课,也是下节课的开始。"

第六课 分类与归纳＼找出选项的方法

"放下箱子,还是不放下箱子?我看还是放下箱子吧。"讲师边自言自语,边放下了手中的箱子。

"您是不是有时候会感到迷茫?下一步该干什么,这是一个问题。面对人生这个选择题集,我们会感到无所适从,有时是因为选错了,有时是因为根本不知道有什么选项。

"不用说,这些选项一直都在我们眼皮底下,不过是混杂在了一起,使我们难以辨认罢了。

"为了使我们眼皮底下这一团糟的东西,变成条理清晰的选项,现在我来教您一个简单可靠的方法,那就是分类。

"首先,我们要定一个标准,然后分成'是''否'两部分。

"比方说,一天,您闲着没事,那做什么呢?如果我们想到——'出门',您便有了两个选项'出门''不出门';'不出门'中,以'读'的标准,分出'读'和'不读';

'读'中,又分为'读报纸''不读报纸'……

"这样,我们一定能得到具体的选项。但从理论上来讲,这种分支是无限多的。实际上要得到能明确指示行动的选项,分支也不少。这时,我们可以边划分边作出选择,就如同刚才我举的例子中,只分到'读报纸',而且不对别的分支进行划分,三步就够了。

"还有一种情况,就是眼下已经知道明确的选项,但数量太多反而阻碍了选择,这时我们就需要归纳。理想的归纳到最后会形成一个树状图,每个分支末端里只包含一个选项。

"我现在给您准备了这样一个情况。"

讲师从箱子里拿出一只柚子、一只香梨、一个红苹果、一粒榛子、一块软糖、一包茶,放到桌子上。

"这些作为选项。"

又取出一张白纸和笔交给我。

"现在我们试着给这些东西归类,请跟着我说的画树状图。

"我们以'植物的果实'为标准。在'否'中按'液体'分开;在'是'中按'坚果'分开。

"在'坚果'的'否'中按'红'分开。在'红'的'否'中又按'圆形'分开。

"现在,每个选项在树状图中都有只属于自己的位置了。

"完成了吗?请您收好这张图,下节课还有用。"

讲师开始收拾东西。

"如果分类使用的标准不方便选择,我们可以用分类得出足够多的选项后,再用这个归纳的方法,来收束选项,也就是用分支找出选项,再用归纳得出便于进行选择的顺序。

"另外,分类与归纳这个方法,其实可以用于所有事物的划分,而且不会有遗漏。

"如何在这些选项中进行最优选择,我们下节课再讲。

"由这个思想方法可以引出的另外一个结论是,人在任何时候都面临着无穷尽的选项,没有任何一个行动是客观上人必须做的。比如一个很穷的人,他不工作就活不下去,但他仍然有'不工作'这个选项,只是他不选而已。

"现在不是上课,不是'既不是上课也不是下课',那么就是下课了。"

第七课 评估/选择选项的方法

"找出选项之后,若还是不知道该如何行动,我们就需要进行评估。评估的标准,当然是能获得多少快乐。

"那么,我们怎样评估哪个更快乐呢?我们还是要用分析与归纳,找出快乐的全部形式。"

讲师把白板和笔递给我。

"请再根据我说的画一个树状图。这次从左端出发,使所有分支的末端排在一条竖线上,'是'的分支向上画,'否'的分支向下画。

"我们依次选择这四个标准:'长远的''对我直接有利的''物质的''有长期影响的'。这样,我们就得到 2^4 个,也就是 16 个项目了。如果让您使用这些项目来从上节课使用的食品当中选出您最想吃的一个,最多要评估 16×2×4 个,即 128 个项目才行,太不方便了。

"我们来试着把分出的分支归纳成我

们熟悉的一些概念。"

讲师拿出一个小本子翻开："请将刚刚得出的 16 个分支末端从上向下，标上 1 到 16——如果您刚才完全照着我说的做，那么您现在看着的树状图应该和我备课笔记上的是一样的。

"这样，我先告诉您一种归纳的结果，仅做参考，如果您之后实在想不出更适合您的，再采用这种形式：5、6、7、8、13、14、15、16 归为'助人之乐'；1、2、3、4 归为'期待'；9、11 归为'一劳永逸之乐'；10 归为'精神享受'；12 归为'物质满足'。当然，如果您一开始就没把人的行动原则称作'快乐'，那就连划分标准都要变动了。

"于是我们得到了具有普遍意义的几个指标，在选择选项时，可依次给每个分支点评估这几个项目。推荐按十分制或五分制给每个项目评分。比如，应用在上节课的树状图中就有这样一种情况。"

讲师照着备课笔记念道："植物果实，是，0+0+0+3+2=5，否，0+0+1+2+5=8，五小于八，选否；液体，是，0+0+0+2+1=3，否，0+0+0+0+1=1，三大于一，选是，于是我就选择了茶。"讲师收起备课笔记。

"嗯……看来我是在相当没有食欲的时候备的课。顺便一提我用的十分制，加起来满分 50 分。

"选择选项时，还可以依次给每个选项评分，也就是给柚子、梨等都评出分来，不过这样只能用于选项很少的时候。

"另外，所谓评估也是在您在各个选项之间犹豫不决，或是在十分认真地选择的时候才使用的，如果您一开始就有明确的欲求，就不用这样费周折了。评估引导出的选择到底也是您作出的选择,如果看到结果后有明显的后悔的感觉,那恭喜您找到了真正想选的选项。

"根据选择的项目不同,评估这个思想方法还可以用于计算哪个旅游路线花费最少,先复习哪一科效果最好,或是哪个投资方式收益最大等。由于分类归纳绝对不会有漏掉的方面,在这种思想方法引导下查的资料最全、得出的结果也是相当准确的。

"熟能生巧,如果您看好这种思想方法,还请经常运用,以期熟练。用到一定次数之后,也许会给您带来意想不到的收获。

"下课……请把白板和笔还给我。"

第八课 实时评估、防止迷失的方法

"这节课来讲讲不用分类与归纳时,评估方法该怎么使用。

"在生活中,常会出现这样一种情况:当初怀着某种目标做某事,做着做着却把目标忘掉了,只是一味地做,甚至到最后偏离了目标,甚至很远;更糟的是,如果这件事是令人厌烦的,以至于自己回想时会发现自己竟在边抱怨边做一件根本没有意义的事。我们不妨如此解释这种事情的成因:在潜意识中我们认为这事是必须做的,从而产生了一种莫名的强迫力。

"您需要认识到,这种现象事实上不只是出现在工作中,也会出现在生活中,并且会造成负面影响。

"除您之外,我还有一个好友,就是作者。一次闲聊的时候,他跟我讲了一个有趣的故事,我看刚好适合这节课。

"他在小学刚开始接触写作时,班里的同学都写流水账,老师几次批评后,又都天马行空起来,结果结不了尾,又没东西可写,干脆就来一句'我突然睁开眼——原来这是梦啊',作者也是其中之一。用的人太多了,次数太多了,老师忍无可忍,禁止再出现这样的结尾。他很听话,不仅不再这样写,而且每次看到这样的文章都会露出鄙夷的神态。

"这时,他接触了一本书,叫《爱丽丝梦游仙境》,读得津津有味,十分高兴,可读到最后,一看到这是一场梦,就把书向桌子上一摔:'什么破故事!'悻悻离去。"

讲师拿出一本书:"没错,就是这本。那么,这本里程碑式的童话到底为什么会被他这样评价呢?我们不妨这样分析:首先,他以写出会被老师表扬的作文为目标,把是梦的文章全都认为是不好的文章,结果就这样了。

"这件事没有造成不好的影响,可是更恶劣的是有的,就看封建时代的中国,把爱国和忠君混淆的有一大批人呢,他们又误了多少事呢?

"为了避免这种情况的发生,我们就要不断地分析眼下我们正在做的事,是否符合我们最初的目标——不忘初心,方得始终。

"首先,我们要明确这个'最初的目标'是什么,那一定就是快乐了——当然是再定义过的——理由请复习第二课。

"实时评估,简单说就是时时想着自己的目的,比如获得技能、研究出实用的专利、救助他人等等,一定要时时地想着,看目的与自己正在做的事情是不是有分歧,是不是手边有更好的选择。

"这样,如果出现了怀疑,就马上进行分类与归纳,并进行评估,甚至也要对自己现有的、直接的目的进行评估,即对自己来说，是不是有能获得更多快乐的选择。

"不断进行思考，看清自己的处境，这就是实时评估，是我们在一生当中应当一直贯彻的。这样，人就不会因为老板的训斥而放弃更好的岗位，不会因为做第一的优越感而放弃转到更好的学校的机会，不会因为努力挣钱养家而放弃看母亲最后一眼的机会，不会因为忙于证明自己而漠视父亲的劝告，也不会因为无聊的成见而放弃鉴赏一本好书了。

"人做的事情，从来没有一样是真正'必须'做的。主动权一直握在每个人自己的手中。

"我决定——下课。"

第九课 理性的感性／人的两大品质

讲师走进教室。

"首先确认一下,您不是在看文字,对吧?

"好,这节课我来进一步讲一讲实时评估。

"一般来讲,人行动要经历这样一个过程:因为如何如何,所以想做某事,所以去做某事。

"这里,我们这样看:'因为如何如何'是思考,'所以想做某事'是感情。比如机器就不会有感情,所以只有'因为如何如何,所以去做某事'。人之所以为人,就是因为人具有感情。这里我所说的'人',就是指能思考、有感情、会行动的一样'东西',比如您、我都是人。

"怎样才算能思考、有感情?这是很难界定的。但显而易见的是,人类随着年龄的增长,感情与思考的能力会变得越来越复杂。但对于好坏的评定,复杂与否是没有直接关系的,关键在于其方向,而复杂程度只影响其强弱。在方向确定后,思考越坚定,感情越强烈,好的就越好,坏的就越坏。

"既然这里引入了'好''坏'这对概念,那么什么是好,什么是坏呢?还是一样简单,能使自己获得快乐多的就是好,少的就是坏。

"另外,从'因为所以'的结构就可以看出,这里所说的感情,是后于思考产生的。这里,我把思考再定义上一个属性——无论多么简单,思考的过程是一定有的,而感情完全依赖于思考产生,好的思考产生好的感情,坏的思考产生坏的感情。

"这样,为了使自己能获得最多的快乐,也就是能作出最好的行动,即能产生最好的感情、作出最好的思考,我们就必须知道自己是怎样思考的,让这个思考置于理性之下,也就自然而然地产生了理性的感情,作出了理性的行动,而这一切的目的,就是确保自己能够获得最多的快乐,所以我称之为'理性的感性'。

"这是一个使人成为人的简单方法,为了快乐而思考,为了快乐而感情,为了快乐而行动,而这一切亦是快乐,如此,我们不仅能够保持为'人',而且有这样做的动力。

"以获得快乐为目的,不断地思考,这需要不断审视这个世界,使自己保持与世界的联系,使自己真正地活着,作为一个人活着,不但为正确之事,而且为合理之事,而且为合情之事。

"仔细看着自己正在做的事,永远不'做事不经大脑',要不断地思考,思考,再思考,使思考这个行为一直存在到这个个体消亡为止,这就是实时评估,这就是理性的感性。

"下课,我判定在这时是好的。"

第十课 相对性/存在与不存在

"昨天,我又一个人跑到郊外去看星星,不过这次除了一瓶水,我什么也没带。徒步走了几公里到一片舒适的草地。我躺下,看着星空,想出了这节课的开场白。

"当人们仰望星空的时候会想些什么呢?画家会想如何通过其画笔将星星美丽的排列最完美地表现出来;音乐家会把星星的闪烁当做有韵律的乐章;诗人会尽其辞藻赞颂星星柔和的光辉;而我禁不住会想到这些星星是否真的存在。

"存在与不存在,是我们使用分类与归纳能得到的两个分支。但我们不是无所不知的,当我们在自己的知识范围内进行讨论时,这样的分支对我们而言没有意义,真正有实际意义的是这样的:已知存在、不确定、已知不存在。

"使用表述的第二个用法,我们可以从这三个词组中引出不少东西来,这里我就挑其中一个方面讲:相对性。

"'不确定'是三者中相对性最明显

的一项了,我们不知道的、知道的但没有证据的,都属于此类。没有证据证明它们存在,也没有证据证明它们不存在,这些东西,我们可以说'信则有,不信则无'。在从过去到现在这一段时间里,'不确定'的东西从来没有客观地、直接地对我们造成任何影响——这样它们才不会留下证明其存在或不存在的证据——并且因此我们可以相当肯定地认为它们不会在以后对我们造成客观的、直接的影响。

"不确定的东西对我们造成的影响,或者说我们利用不确定的东西造成的影响,是主观上的影响。最明显的,大概就是宗教了。对于相信不确定的东西存在的人,它就是存在的;反之亦然。

"'已知存在'也是具有相对性的。当然,我可以说我眼前的东西都是存在的,但它们只是相对我而言是存在的——在第五课举的例子中我做过分析——从大层面讲,这个世界是否是存在的,从小层面讲,我眼中的世界和他人眼中的世界是不是一样的,都是无法证明的。相对性由此而来。

"'已知不存在'同样是具有相对性的,但是要小一些。比方说,您吃了一个胡萝卜,那么这个胡萝卜就不存在了——但这样说其实是不准确的,这些物质还是存在于您的消化道里的,只是处于饭桌上的保持着其形态的胡萝卜已经不存在了。这是肯定的。但是有没有可能就在您吃下这根胡萝卜的同时,作为一整个完整的胡萝卜的这根胡萝卜又在您无法认知的某个世界里出现了?或者说放宽范围,'吃'这个动作本身,会不会就是您的幻觉呢?如果说您的一生根本就是幻觉,您也是不可能将其证伪的——信息不能证明本身的可靠性。

"这里需要指出的是,只要有足够的限制条件,如时间、地点、形态等,有一些'不存在'还是可以证明的,比如在吃掉之后,那根处于饭桌上的保持着其形态的胡萝卜。

"结论是,只要从一定的视角看,就无所谓存在,也无所谓不存在,一切都是不确定而模糊的,就连'不确定'也是不确定而模糊的。

"我并不是说没有确定的事物,也不是说所谓'确定'是没有意义的,只是认识到相对性的存在可以让我们的认识更客观、更全面,并且也许会带来更多的快乐。

"相对于刚才,现在是下课时间。"

第十一课 辩证法＼明确自己的主观态度

"几乎人人从小都会被这样教导：'要知道好坏。'

"但是，现实并非那样简单，凡事都有相对性，'绝对'从来只是一个概念，至少我还没有发现哪样事物能被冠以这两个字。很多情况下，一个事物究竟怎样，本身就是难以量化的模糊概念。而这事物是什么，为什么存在，如何行为，何时、何地与其他事物发生了怎样的关系，又毫无疑问地多多少少对这个程度造成影响，使得原本就很模糊的概念变得更加暧昧。

"但即使如此，对事物作出判断，也是我们必须做的一件事。判断是评估的前提，评估是选择的前提，而选择是行动的前提。

"只要我们还有意识，就在不断地作出行动，因为'不行动'也是一种行动。因而，对事物作出判断，也是我们必须做的一件事。判断是评估的前提。

"反正都得做，不如做得好一点——这也是贯穿整个课程的一个思路。我们要判断,却不知道自己到底是怎样想的。为了明晰自己对某某事物的态度,我引入一个概念——辩证法。

"辩证法是这样用的:对一个事物作出判断时,可以把'好'和'坏'作为两个选项,把两个选项分别列出条目来评估。

"由于只是要明确自己主观上对这个事物好坏的认识,在评估的时候不必分类归纳,直接列出最先想到的几条即可,建议每一条都按满分10分打分,并划分出五个档来,即0~20%为'特别坏',20%~40%为'较坏',40%~60%为'不好不坏',60%~80%为'较好',80%~100%为'特别好',前含后不含,特别的,100%在'特别好'中。

"比如,评价某事物时,'好'中列出a、b、c三条,'坏'中列出d、e、f、g四条,打分a7、b8、c6、d3、e4、f5、g6。'好'的总分为7+8+6=21,'坏'的总分为3+4+5+6=18,那么此事物的'好度'就是21除以21和18的和,即大约53.8461538%,也就是说,这个事物不好不坏。当然不用算这么精确,算54%就行了。毕竟是凭感觉评估的数字,太纠结也没什么意义。

"比方说……"讲师环顾四周,"比如这个备课笔记,在它的'好'中,我分出'方便携带''耐用''惯用'三条;在它的'坏'中,我分出'没东西垫着不好写''不防水''没有目录'。最后经过计算我得出结论——这个备课笔记较坏……

"这就有意思了——我对这个结果感到了不满。在这种情况下,正确的做法就是跟着感觉走,把备课笔记作为好的东西。

"这里我们使用辩证法的目的,就是明晰自己对某事物的态度——这我在前面说已经过了。既然自己明显地对结果产生了不满,那目的就达到了;反过来说,如果对结果没什么不满,那也是这个方法很好地完成了它的作用。"

讲师收起了备课笔记。

"所以,在对自己的态度感到困惑的时候,就请用一下这个方法,可以节省时间。您的第一次使用,就可以是用来评判我讲的这节课好不好的——不过我还是希望您能给出积极一点的评价。

"下课——这么说有点生硬啊,可能会得个低分。"

第十二课 科学的思想＼科学

讲师拿着白板走了进来。

"我这节课要讲到的科学,是指探求世界的真理与规律的学问或其得出的结论。

"关于科学的主要特性,首先一点就是实用性。"讲师在白板上边写边说,"具体一点说,使用用科学得到的结论,我们可以进行一些预测,而且这些预测是正确的,或者说近似正确。比如通过万有引力定律我可以知道,如果我在一个不刮台风的日子里独自站在地球上某个大草原中央向前扔出一块石子,石子不会砸到我的后脑勺。

"第二点是包容性。"讲师写下。

"我在这里要提出一个重要的论断:没有和科学相对立的东西。

"科学是研究世界上一切事物的。比方说,宗教、迷信、伪科学等都可以作为社会现象被科学研究;鬼神、魔法、超自然现象等都可以作为心理现象被科学解释。

"那么,鬼神、魔法、超自然现象等是

存在的吗？如果您问任何一个负责任的科学家,他的回答应当是'不知道'。

"通过第十课里我对'不存在''不确定'做的解析,我们可以认为,人类只能通过一定的逻辑关系在一定区域内证明一个事物是不存在的,而这个逻辑关系又是建立在原本已确认此事物真实、唯一存在的基础上的,那么对于鬼神、魔法、超自然现象等,当下的人类是不能证伪的。

"我再一次说明,鬼神、魔法、超自然现象的存在是不确定的,也就是说它们是可能存在的。那么为什么我们现有的关于宇宙的理论模型中,也就是科学中,没有它们的位置,或者说倾向于认为它们不存在呢？

"这里引入科学的另一个主要特性——简洁性。"讲师在白板上写下来。

"是的,没错,因为这样不简洁。任何一个科学理论,对其的一个重要的要求就是一定要尽可能地简洁。

"试想,有一个理论中有这样一些东西,但是它们从来没有出现过,并且只是像坠饰一样冗余地挂在那里,此理论即使没有这些东西也能自圆其说,那么,在这个理论成型时,为保持其简洁性最妥当的做法就是把这些挂饰统统删除。像鬼神、魔法、超自然现象这些根本没有可靠的证据证明其存在或不存在的东西,毫无疑问就是这样的坠饰。

"这同时也是在说,当这类东西在某些层面上被普遍发现,或是从某一时刻开始大量发生时,我们就必须将其纳入我们的模型中去——否则此模型就是错误的。

"这里我引出科学的第四个特性——进步性。"讲师又写了下来。

"由于我们用以构建、验证、完善理论的信息只是我们收集到的那些——物理实验、化学实验、社会实验、临床试验、日常生活,等等,我们永远不会知道在这些之外事物是如何行为的——我们可以推测,还可以去验证,但我们真正知道的,永远是我们观测到的那些,而对于没有观测到的我们没有办法确定,而没有观测过的事物永远是存在的——比如,刚才您的背后发生了什么。

"是的,根据我们的经验,刚才您的背后既不会有鬼魂,也不会有未知的外星人——但您不知道实际上是什么样的,因为您没有观测。没错,就算您现在回头,您的背后也应当是没有什么'不应该在那里'的东西的,但是当您回头的时候,您又不在观测您身前的事物了。

"哦,如果您现在感觉不舒服了,那可以运用在第一课里学的方法创造出360°的视野来缓和一下。"讲师停了一下。

"基于同样的道理,我们可以使我们的理论符合至今为止所有可靠的观测,但我们不知道这些理论符不符合没有被观测的那些事物,永远不知道。我们永远不知道自己是否得出了绝对真理,况且现在我们连使自己的理论符合所有的观测结果都没有做到——生物学、心理学、经济学、物理学、化学等等都没有做到。

"所以科学永远都会有进步的空间,因为人永远不知道理论是否达到了完美。

"就科学的发展而言,人类仍然只是在沙滩上捡贝壳玩的小孩子。说实话,人类现在对于自己的理论为什么能够这样准确地描述现实世界都不明白,比如数学——科学的语言。实际上,数学不光是被'发现'的,更是被'发明'的——自然界里没有负数,没有虚数,没有很多很多东西——这样基本上纯人造的东西为什么能用来描述如此精确的现实世界,以至于计算结果与实际测量值的差值基本上可以忽略不计,从来就是一个谜。这个论述有许多学者作过,我个人首次接触的是 Mario Livio 的《Why Math Works》[2]。

"我们来做一个小结。以物理学为例,我们从以牛顿力学为代表的经典物理走到了以相对论和量子力学为两大支柱的物理学,统一的理论迟迟没有建立,但我们是在不断成长的。奇特的观测结果层出不穷,从衍射到不变的光速,再到粒子对撞机的庞大观测数据等,物理学的理论无一例外地包容并完善着自己。而我们时至今日仍然会运用牛顿力学,是因为它既能作为一个在很多情况下对现实世界的相当近似的反映,又十分简洁。我想,如果不出什么意外,几百、几千、几万年后的人类仍然还是会使用它。

"我希望,通过这节课的学习,您能对科学有了一个比以往更加正确的认识。同时,我还希望您今后能够像一个科学家那样思考——包容,简洁,不断完善自己的思想。

"我还需要指出一点。从科学的角度看,写文章要提出观点,就要有具有普遍性的事例——而非个例——以及具有逻辑性的推理——而非臆测——去做支撑。比如我要提出'勤奋能提高学习成绩',就要先搞清楚,成绩与勤奋的关系图像是单调递增的还是钟形曲线,或是其他的什么样子;我要给勤奋下一个可以量化的定义,并找到合适的标准;我要选择一个衡量学习成绩的方法,使其具有普遍意义;我还要找一个足够大的样本,按年龄、性别、基础实力、身份状况、智力水平和人际关系分组,以减弱变量干扰,去做一个有普遍意义的调查或实验等。如此这般,我才可以放心大胆地说'勤奋能提高学习成绩'抑或在什么程度上能提高等,还要附上我的依据,而不是名人轶事、名言警句、名经圣典。

"从科学的角度看,个别人听了名人轶事、名言警句、名经圣典,就自以为得了些灼见至理的人,也许是不负责任、任别人强加给自己不知确否的道理的愚昧或精明的听众。当然,我有可能也是其中的一员。

"这节课结束了,在这节课学的知识还请您继续研究下去。"

第十三课 理解与接受＼起源

"我就是我,不是别人,不是过去的我,不是将来的我,只是现在的我。当然,通过研究别人,可以得到人行为的一般规律,进而套用在我身上;通过过去的我,可以推断现在的我的特点;通过预计将来的我的各种可能,可以判断我这个人是否适合交往。

"但改变是存在的,不同也是存在的;改变是一直发生的,不同也是无处不在的。您可以思考一下,我把这些论断推广到绝大多数事物上是不是也是正确的。

"这节课,我来讲一讲关于某事物与过去的这个事物的关系,也就是有关'起源'的一些问题。

"当接触到一个事物的时候,您可能会去想'它以前是什么样子''它是怎样诞生的''它的前身是什么''它的前身的前身是什么'……

"这些问题一般是很好解决的——查查资料就行。而问题的产生往往在这之后。

也就是说,如果这些起源与我们预想的大相径庭怎么办?

"打个比方。'爱情'是艺术永远的主题,但它的起源是什么呢?是生殖的本能。我这么说您不会不同意吧?

"虽然如此,您大概还是相当不快的,这是为什么呢?这其中有概念的偏差带来的不快,也有生理上的厌恶造成的不适。但消除这种不快还是很简单的。

"比如,您认为鸡是蛋吗?您认为单元房是山洞吗?您认为琴弦是鲸鱼吗?您认为人类是单细胞生物吗?您认为您是您的祖先吗?您认为现在的您是过去的您吗?您认为现在是过去吗?您认为演变的结果是起源吗?

"您认为爱情是生殖的本能吗?

"就这样,起源与演变的结果有共通之处,但不一定是相似的,更不一定是相同的。从表象到本质,一切都有可能改变。所以对待一样事物和它的起源比较合适的方法,就是把它们作为两样东西来看待。

"起源会影响一样事物,但不会决定它。破除成见和臆断,代之以理性而客观的思考。不要被表述的不同所左右,而是直接考虑其蕴含的信息,分析之,理解之,接受之。

"这样的东西有许多,从好奇心、求知欲,到教育、娱乐,这些都需要我们好好思考。

"不光外物是这样的,对于我们自身也应当采取这样的态度。决定自己是谁的,不是自己的出身,而是自己所为之事。

"下课。"

第十四课 去偏见＼应对改变的态度

"所谓改变,就是与之前有所不同。如果我们认为所处的时间不同也是一种不同的话,从这个定义出发,我们就可以得到这样的结论——改变是时刻发生的,而且不可能不发生。"

讲师踱了两步,说:

"不过,这个结论没有什么使用价值,那我们再从别的角度看看'改变'。"讲师拿出备课笔记翻了翻,又边在白板上写字边说,"这个不错。我们今天的第一个问题就选这个了。"

白板上写着:"改变了之后,'我'还是'我'吗? 会使'我'不再是'我'的改变是正确的吗?

"我们来考虑一下生活中的各种情况。人们有时候会认为一个失忆的人就是失忆前的那个人,并且为其每一个与失忆之前的行为有小小重叠的举动高兴;人们也有时候会认为一个犯了大错的人完全地变了,并且以其行为中每一个细小的与之前的差别视为证据。这真是奇怪。通过这种现象,我们可以认识到,在他人眼中'我'是不是'我'这个问题是极其模糊的。再有,很多大家接触过的文学、影视作品都涉及这个问题,其中有不少暗示'我'将不再是'我',甚至倾向于认为使'我'不再是'我'的改变是错误的。

"那么,如此认识这个问题真的妥当吗?

"为了得出一个有普遍意义的结论,我们首先需要一个判断是否是'我'的明确的方法。如果我们以一个人拥有的记忆判断此人是否是本人的话,那么以这个标准判断,能够问出'我是不是我'这个问题的人,其实已经通过这个问题证明了'我就是我'。因为,既然能够称之为'我',此人就应当拥有这个'我'的第一人称视角的记忆,而这就证明了这个人本人就是这个人所说的'我'。也就是说,如果我们这样看这个问题,那么第一个问题就一定是肯定的了,从而第二个问题会变得毫无意义——这不是我们想要的结果。我们要试试别的判定方法。

"如果我们以一个人的各种特征,比如外貌、性格、措辞、举止、态度等,来判断此人是否是本人的话,那么改变就很容易使'我'变得不是'我'。反观在生活中人们所排斥的改变大抵也是这样的。那我们就顺着这个思路想下去试试。

"首先,人们为什么会排斥改变,或者说,害怕改变?人们害怕改变的时候,大多是现状至少勉强过得下去的时候,这样,改变就相当于失去现有的一样还算过得去的东西,去换取另一个东西。如此,首先的一个阻力就是失去东西的不愉悦,而且由于相对于获得东西的愉悦感而言,失去同样的东西时的不愉悦感会更加强烈——这是有实验依据的[3]——人在没有确定将换取的东西比将失去的东西好很多时不会倾向于改变；而就算知道改变对自己很有好处，也会因为自己已经适应了现状，而且不愿意付出另外的努力去适应改变后的生活，而不倾向于改变。

"当然，阻碍改变的因素还有很多，但是我们可以看出至少在被以上两个因素阻碍时，当事人完全没有动脑筋，而拒绝改变——你我可能都这样做过——却没有意识到自己为什么不愿改变。

"在我看来这样做是很不妥当的。不经思考做出的事情可能不是正确的，甚至有可能漏洞百出，所以我不愿这样不经思考地拒绝改变。这是一种偏见，而我要'去偏见'，要仔细地思考再作出判断。既然我要通过思考作出判断，那么我就需要一个判断的标准，标准自然就是快乐——我一定要对改变作一个评估才行。

"理所当然，既然改变也是一种行为，那么第二课、第七课里讲的东西就对它适用。而且，这样得出的结论也是就我们已经掌握的信息而言相当正确的，如果改变带来了不好的影响，那也不是决策失误，而是偶然性所为。

"所以说，我们要仔细地收集信息、进行评估，再作出改变；而对于和我们自己的意志没有多大关系的改变，我们应当采取什么态度呢？这就是今天的第二个问题。"讲师写到了白板上。

"既然大前提是'和自己的意志没有多大关系'，那么它就是对自己来说难以预见的，或是难以避免的。我们可以做一些预先的准备,但要说到底应该采取什么态度,那就是改变发生之后的事了。

"在改变发生之后,只要人还活着,就必定在收集信息、作出判断、采取行动。至于是不是应该行动,就要看此人此时对快乐的具体标准是什么了。

"那么此时,我们应当采取什么样的标准呢?其实也不用采取什么特别的方法,只要认真进行评估就好。评估时用的五个方面应该已经足够提醒自己采取比较全面、客观的视角了。

"总而言之,不能一味回避改变,不能逃避已经发生的改变。要不带偏见地、一视同仁地看待改变和其他事物,利用自己有的信息尽量正确地作出判断。要积极地采取或利用好的改变,积极地拒绝或适应不好的改变。

"常抱有的偏见除了'改变是不好的'外还有很多,而很多时候不管偏见是否存在,我们只需要认真地评估,就能看到它的本来面目,做到'去偏见'。

"See you next class."

第十五课 理解与利用\恐惧

"啊……

"一种由低到高、由细到粗、由小到大的仿佛从被扼住的喉咙里挣扎而出的声音,我从梦中惊醒,又梦魇了。可能是白天玩得太累了,又在博物馆看了许多年代久远的展品,想象力丰富的我把自己的恐怖情绪延续到了梦中。

"我是少数有梦魇经历的人。纳凉的夜晚,我经常会听许多老人家讲鬼故事,还有狐狸、黄鼠狼、蛇成精的故事,老人讲的都不是书上的故事,而是邻居和前辈的口传,仿佛亲历。黑黑的储物间盘踞着一条大蛇,田间有黄鼠狼直立起来学人说话,狐狸附到人身上让人瞬间痴癫……人们一旦冒犯动物们,就会坏事不断,这些恐怖又刺激的故事让我一边害怕着一边忍不住想听。

"我也读过《聊斋志异》,名家笔下的鬼怪、狐狸、蛇精、树精、鲤鱼精……更加鲜活生动,也更加诡异。于是,我开始有了梦魇。第一次,我在梦中觉得一只狐狸蜷缩在胸前,喘不过气,说不出话,动弹不了,于是拼尽全力呐喊出来。努力发出声音用了很长时间,恐怖感也持续了很久。

"现在,我会避开这些书,也避开恐怖电影之类,就很少再有梦魇。而这次的梦魇,我梦到了凭空一只手要抓住我,我在梦里就清楚这是梦魇,却还是叫喊着被吓醒了。"

说到这儿,讲师喝了口水,按了按眉心。

"唉,还是不应该这么开场,又想起来了。

"世上有许多我们喜闻乐见的事物,也有许多并非如此。对于其中一些我们无法逃避的,我们应当怎样做呢?

"很明显,我们不能逃避,而这节课我要教给您的,就是不逃避的一个好方法——理解与接受。"讲师稍作停顿。

讲师把白板立起来,上面写着两个字"恐惧"。

"今天,我们就拿恐惧做一个例子,来谈一谈理解与接受。为方便分析,我把恐惧按对象分为三种:对外观或动作可怕的事物的恐惧、对未知的恐惧、对'无'的恐惧。按照这个分类法,我们可以作出这些分析。

"第一种恐惧是最普遍的。被朋友故意惊吓时、看恐怖片时、遇到危险时,等等。刚才我讲的经历,也是这一种。

"第二种恐惧就是类似于对黑暗的那种怕。由于没有能力确定环境的安全,或是有能力确定环境不完全安全,导致了对未知的恐惧。我们之所以会怕黑、会怕把手伸到盒子里,不是怕'黑',也不是怕'盒子',而是怕其中可能存在的危险。与第一种恐惧唯一的不同之处,就在于其恐惧的对象来源于未来。它让我们远离风险,同时也造就了人的一个重要品质——求知欲。

"第三种更加缥缈。它是由于对'无'的难以理解产生的。虽然从逻辑上来看,'无'并没有危险的要素,但我们在潜意识中还是认为它是危险的——因为它难以理解。我把这种恐惧分为三层。

"第一层,是对部分'无'的恐惧。本该有的东西不知为何不见了,比如我前面作的长时间的停顿。

"第二层,是由于比较产生的。由于自己拥有的东西或自己接近于'无'而产生的恐惧。说得文艺一点,当您第一次知道自己脚下的地面放在本市地图上根本看不到,本市放在世界地图上不过是个点,而太阳系是地球的 3 518 233 984 510 倍大,更不要说那至今不知道边际在哪的宇宙的时候,您有没有过一丝恐惧?这是因为,直观与现实不相符,离谱地不相符;而且在新的认识中急剧地'缩小'了的,是作为所有认识的中心的自己。

"第三层,是对真正的'无'的恐惧。我们通过完全屏蔽一切信息来感受它,可惜在 21 世纪初我们还做不到有去有回的体验。不过我们也可以降低一下标准而不花一分钱去体验一下。尽管不能完美地呈现出来,但还是让我引导你想象一下与它接近的东西。

"请听完后记住步骤再进行想象。

"找一个安静的地方或塞上耳塞,尽量使自己舒服些,躺下或坐下,闭上双眼。就这样头不动、闭着眼向下方看,您会看到一些亮点之类的东西,过一小会儿大部分都会消失,这时将注意力集中于视野中随便哪处纯黑的地方。然后,想象自己就是那个黑点,直到自己没有任何感觉——连'黑'也感觉不到为止。

"好,请试一试吧。"讲师坐下,示意我开始。

"试完了吗?顺利的话应该多少有些恐惧的。不管怎么说,听过这么多也算对恐惧有所了解了,接下来我来讲讲对其的利用。

"首先的一项是对于恐惧的有关哲学问题的思考。这不用我多讲,在第五课里已经教过您了。

"第二项是削弱恐惧。我们不妨如此划分:从恐惧的对象入手和从自己入手。

"恐惧的对象,即危险。要削弱恐惧,就要减轻或排除它。于是思路就明晰了:对于显而易见的,我们可以主动去摧毁它;对于未知,可以通过探究去明晰它;对于'无',可以去填充它。这三种均有另两个选项,即适应与逃避。具体怎样做还需要现场进行评估才行。

"我们还应当增强探究心与想象力。排除不确定,并在排除之前用想象力使自己相信存在的不是可怕的,而是美好的东西。

"第三项是产生或增强恐惧。想更身临其境地看恐怖片,就等到夜深人静时把房间灯光调暗,再用第一课的技巧把自己置身其中,不过我是不想这样吓唬自己。如果想吓吓别人,您可以把三种恐惧捏合起来,综合运用平静的铺垫、神秘的气氛、恐怖的外表——之后可不要忘了道歉。

"这节课我所讲的恐惧,只是照着适合分析的标准划分的,心理学上另有标准和分析,感兴趣的话不妨去查一查。

　　"嗯……就讲这么多吧,下课……"讲师皱了一下眉头,"您身后那个白衣女人是谁?"

　　……

第十六课 因果分析／进化等

"刚听到某节目里主持人说'某生物为了什么进化出了什么'——真是荒唐。任何一个了解进化论知识的人都知道,进化是和某个生物是怎么想无关的。简短地说,生命先做很多尝试,然后不适应的统统死掉,适应的活下来。活下来的有适宜生存的特性,所以看起来像'某生物为了什么进化出了什么',但事实是'某生物进化出了什么,因此进化的此生物有了什么优势'。

"也就是说,因果并不总是一目了然的,判别因果也需要思考,重在思考,思考有益。对此也没有什么特别的方法可以讲。不过我这里准备了一些例子,这节课就听我说说例子吧。"讲师翻开备课笔记,看了两眼。

"不是'和朋友在一起感到开心',而是'在一起感到开心的才可能称为朋友'。一个本是不相干的人,给他贴上了'朋友'的标签,不代表永远不揭下来。您想要与之交往的，不一定是这个人，而是您认定他为朋友的时候，您眼中的他。这人若是染上了什么习惯，让您和他在一起时获得的快乐不如他不在时多——以下是我的做法——劝他改，三遍之后要是连悔改的意思都没有，您就已经对他仁义已尽了，尽管把标签撕下就是。"

讲师又看了看备课笔记。

"现在我想要说的因果有'世界是虚假的或不存在的，所以活着没有意义''世界是虚假的或不存在的，所以世界没有意义''世界是虚假的或不存在的，所以我在这里干出什么来都没有关系'等。说到第三个，其实还真有过这样的事。"讲师瞄了一眼笔记，"在 2002 年，Tonda Lynn Ansley 射杀了她的女房东。她辩解说，她坚信自己在《黑客帝国》提及的矩阵中，所有的罪行都并非真实存在；最后，她以精神失常被判无罪。[4]"

"其实不用我细讲，您也能看出这三个所谓的'因果'的'因'和'果'之间根本不存在因果关系。从另一方面说，不管这个世界是不是虚假的，是不是不存在的，我都活在世界上，那么这个世界而对我来说就是真实存在的。其实，我们每个人都是一直处在这样的境地的：世界有可能是虚假的，世界有可能是不存在的。这些我在第十一课中提及过。"

讲师把笔记翻过去一页。

"有这样一种情节，至少在荧幕里不少见：一对情侣，或是因为一方，或是因为家长，或是因为别的什么人提出'你们根本不懂爱情'而最终分手。我们在这里不是要讨论因为现实中出现了所以荧屏上出现了，还是因为荧屏上出现了所以现实中出现了这种因果——这需要进行调查，也许此类因果关系根本不可考。我们要讨论的是'不懂爱情'和分手之间的因果关系。

"首先它是有的——现实证明了这一点——但二者究竟有无逻辑上的关系,就成为一个问题,不过也是能很好解答的。"讲师拿出一本《现代汉语词典》,第5版,看起来很旧了,"'分手'即为'别离,分开',与爱情本无一点关联,唯一的分手的原因,就是不想在一起了,或是不能在一起,而'不懂爱情'不与二者构成逻辑上的因果关系。而且就算认为'分手'与爱情挂钩,不懂又怎样,不懂就去探索啊,像任何别的知识一样,谁一开始都不明白。鉴于会说'你不懂爱情'的人大概会说'爱情是书本上学不到的',我的观点就更被证实了。也就是说'不懂爱情'并不能与分手构成逻辑上的联系。

"这里我们还可以得出一个有趣的结论,'你不懂爱情'其实是一个巧妙的分手的口实。"讲师翻了翻词典,"你看,'爱情,男女相爱的感情''爱,对人或事物有很深的感情,'[5]。"讲师又拿出一本翻开的英汉词典,"'love, a strong feeling of affection for somebody that you are sexually attracted to.'[6] 联系实际,这些释义模糊又偏颇。鉴于词典上都说不清楚,对于被说'你不懂爱情'的人对爱情的解释,都可以'那才不是爱呢'或者'爱情才不是能用语言表达的呢'。假定心里怀有'不懂就要分手'这等缪论,而且此人还没注意到的话,用此口实可确实是'稳赢不赔'啊。再想一想,像是'你不爱我''我们之间已经没有爱情了''你爱的不是我'什么的,也都是一个道理。

"半途分手的情侣,被分手的一方,也许穷尽其一生都不会知道真正的原因。所以,以'我不负人'作为前提,她(他)若负我，我何不做个拿得起、放得下之人，何苦去苦苦追寻原因苦自己，姑且相信对方说的所有的话，然后调整心情，另辟蹊径，再开始一段因果。

"再有一类，就是经常看到某些人在听别人说其他国家的哪个企业多么多么出色的时候，总是要略带自豪地插一句'那有什么了不起，要不是我们国家的人消费他的产品，他们早倒闭了。'分析一下，这个案例里这个'某些人'的思考完全没有逻辑性可言，最让人不可理喻的是其态度——倾一国之力维持别国企业，绝不是什么可沾沾自喜之事。"

讲师又看了看备课笔记。

"我们再回到生物学问题上。通过从各种渠道取得的生物学知识，我们知道，尽管有个体的差异，但是从整个生物种群的层面上来说，每一个生物种群——包括人类——其行为似乎都在强烈地显示出一个目的——生存。不知道您有没有想过为什么。嗯，我看这将会成为一个经典案例。答案就一句话——不这样的话生物种群早都消亡殆尽了。

"所以，贪生怕死，引用一个不大恰当的说法，即'这是生物的天性'。不过正如我在第十三课中所说，一样东西的所有方面都可能改变，包括其目的。虽然从整个生物种群的层面上来说，其原因还是'不这样的话生物种群早都消亡殆尽了'；但站在一个人的立场上，我们至少自认为有自由意志，这就足以让我们不单单为生存而生存，而是为追寻自己的人生意义，或者更宽广一些，快乐。至少对我而言，活着的理由，就是未来永远是不确定的，也就是说，未来永远都可能存在快乐，所以我要尽量活下去来获得这些死了就不能获得的快乐。

"这节课就上到这里，下课。"

第十七 接收与流出／信息

"判断,是只要人的意识还在就一定在进行的活动,而充足的、可信的信息能保证我们作出好的判断。

"首先我们来解决充足性,也就是信息的获取,这个我在第五课里已经讲过了。现在我们来看看您还能从一个事件中提取出多少信息来。

"这个不错。"讲师边说边给我一份文稿。

"如果有一天一个人神情激动地冲您说这些话,"讲师清了清嗓子,很有感情地照着稿朗读出来,"你们这些人,是摆着一张张什么样的嘴脸在看着我!你们有什么资格评判我,你们之中哪怕有一个人,认真地思考过我说的话吗?你们的眼睛都瞎了!你们的心智都麻木了!你们的良知都被腐蚀了!你们有眼睛却不好好看,有耳朵却不好好听,有头脑却不好好思考!离开我的视野,不要让我再看到你们!"

讲师用好几种语言念完后(我手中有

稿,所以尽管有听不懂的语言,但也知道在说什么),一下子转回平常的语气接着说,"这种时候,您的第一反应一定不能是'这个人神经不正常了吧',而应该从这些话里提取出信息来,其中应该包含这样两条:其一,这个人很清醒——否则他不可能正确地、不间断地使用这么多种语言;其二,这个人是在对世界范围内的人说的——因为他用了很多种语言。不过我是不大可能说这些话来的。

"然后是可信性,也就是说在信息的来源、传播、接收上出现问题的多少。如您所知,一个好方法就是多方面获取很多信息,然后进行比对。

"接下来就是些类似规劝的东西了,首先是充足性,也就是说从自己这里流出信息的多少。

"比如说,您在反驳一位权威人士之前,是不是犹豫过、害怕过?对此,我认为一个重要的原因,就是担心这些权威们可能会很轻蔑地说:'你这个外行,你懂什么!'其实这就极大地削减了信息量。

"依我看,人并不是掌握了什么之后才能对什么作出评价。对于外行失当的评价,一个负责的内行会耐心地、认真地辩驳、解释,所以当您听到'你是外行,你懂什么'的言论时,您就会知道此人不是心虚了就是人格有缺陷。人人都应当有发表言论的权利。举一个例子,您看对于第一人称的'死'来说,活人都是外行——活人都没死过——还有古往今来那么多人争先恐后地发表言论呢。

"然后是可信性。

"接着上面的话说,作为一个负责的人,我们一定要在掌握了一定的、有据的专门知识后才加以评判,并尽量引导其他人也这样做。而且作为一个外行时,我们一定要尊重权威的言论,不可以无视,更不可以试图淹没它们。我们既不要做威尔伯福斯去侮辱赫胥黎,也不能像某些政客一样为了自己的政治立场去歪曲科学事实。

"对于信息的行为中,十分可耻的就是会大幅消减快乐的那些。那些把未来的快乐和他人的快乐的权数调得很小的人,往往就会在明知真实的信息的情况下,向社会中流入错误的信息,以此换取眼下的私人的快乐,比如,某些政客、某些学者、某些团体、某些群众。

"当然,凡事不可一概而论,但说谎不可成为常态,说谎前一定要进行评估。

"接下来我要给您的信息是——下课。"

第十八课 真伪辩证＼我与世界

"按照习惯,所谓真,就是原本的或是实在的;所谓伪,就是仿冒的或是编造的。按照这个定义,我们来分析一下世界是否是真的。

"我们首先来学习一下'集合'的基本规律:若 B 包含于 A,C 包含于 B,则 C 包含于 A。以此,我们知道,我只要证明世界可能是某人设计的一个游戏,就证明了世界可能不是真的。

"这里,我把'世界'定义为我们至今为止接触到的一切信息的来源。所以,我们所获得的信息都是来源于这个世界的,而不可能获得来源于这个世界之外的信息,我们对这个世界之外一无所知,也不可能知道,因为如果我接收到了我之前称为来自于世界之外的信息,那么我只是把世界拓宽了而已,'世界之外'永远在我探索的范围之外。

"也就是说,永远可能有东西存在于我们的认识之外,如果在我们认识之外的某个'智慧体'创造了一个封闭的游戏,不让那边的信息流入到这边来,恰恰就有了这个效果——不过这个'智慧体'和我们的处境也是一样的。

"所以,世界可能不是真的。不过也就是在这个层面上不是真的而已。从主观上来说,我们的世界对于我们来说就是原本的,就是实在的,就是真的,或者更确切地说,我的世界对于我来说是真的。文艺一点,每个人都有自己的世界,在他第一次感受到世界时,一个世界便诞生了,在他的精神消亡时,这个世界便死了。

"从'世界可能是个游戏'的角度出发,我们可以思考,时间真的是存在的吗?过去只是一个印象,时间在化石上、在书本中、在脑海里,无处不在,但也就是个印象罢了,也许只是那个'智慧'如此设定的罢了。而未来,我们只是从过去的经验当中得到了'未来肯定会到来'的认识。既然过去可能是一个设定,那又怎么能保证未来一定会到来呢?也许,我们只是存在于叫做'现在'的一个断面上,别无其他。

"今天我们还知道,黑猩猩有一个'认知盒子',有其无论如何也理解不了的东西在这个盒子外面,而且黑猩猩自己还不知道;那么我们凭什么说人类就没有这样一个'认知盒子'呢?也许,我们已经接触到了很多信息,很多来自我们不知道的世界的信息,而不知道的原因,只是我们无法理解,这样,'世界之外'也不一定在外面了。

"说到底,虽然我们认识了这种可能性,但是不可证的东西还是不可证,世界还是那个世界,不过,这也算是开阔了视野吧。换个角度看,我纵然不能证明我和世界的真,但至少我和我的世界是互相印证、能自圆其说的,这已足够让人欣慰了。

"下课……这是真的。"

第十九课　开始行动 ／ 创造

"所谓创造，就是做东西。但您终究做不出东西来，东西一直都在那，作为物质或者能量，您只是改变了它的存在状态。那到底'创造'了什么？创造出来的，是信息。也就是说，创造就是流出信息的一个途径。

"为什么要创造呢？因为可以获得快乐啊。

"怎么来创造？既然创造是流出信息，那首先要有要流出的信息，也就是说，要有想法。有关'想法'这种东西的量产，在第五课里已经讲过了，这里不妨再做一个练习。

"请试着把这句话理解成不同的含义：一滴水可以折射阳光。"

讲师边写东西边等我。

"想好了吗？先别急，先看看我的。"讲师给我一张字条，上面写着："1. 很小的一个个体也有自己可以做到的事；2. 很小的一个个体可以反映一类事物的性质；

3. 作为水分子的集合,水滴有一个水分子没有的性质,彰显了集体的力量。

"现在,请跟我说说您的想法。"

讲师对我的想法加以评论之后,接着说:"现在,我们回到'创造'这个主题上来。从这里我们就可以进行创造了,比如说我可以用第三个解释雕刻一个有意境的雕塑。如果您想要更接近于发明的创造,还是可以用表述的技巧来发现问题,比如琴谱会自己合上,窗帘拉不严,旗子展不开,等等。

"话说回来,您有没有意识到,我刚刚创造了一个东西——一张写着字的字条!好吧,也不是那么厉害,但勉强称得上是'创造'了。这就是第二点,不要觉得创造是个难事。创造很简单,不是只有马克思、爱迪生、牛顿这样的人能创造,人人都能创造;反过来说,马克思、爱迪生、牛顿这样的人,如果不创造,也会'泯然众人矣'[7]。

"接下来就是行动力的问题了。在有了想法之后,一个人觉得去借车床用太麻烦也就算了,如果连一支笔都懒得拿,不把它记下来算是怎么回事?我的意思是,不要太高看'想法',更不要太小看'想法','想法'稍纵即逝,不要太相信自己的记忆力了;而且好的想法也是不常有的,要懂得珍惜。

"对于包括创造的很多事情来说,十分重要的一点就是行动。'万事开头难',而人会倾向于完成已经开始做的事情,这种现象叫做蔡格尼效应,您要是感兴趣可以查一查。所以,想做就立刻去做,有评估的结果做保证,您就不需要犹豫。

"下课,现在去做您想做的事吧。"

第二十课 结语

教室里空无一人，白板挂在墙上，上边写着"结语"。

讲师悠闲地踱步进来，说："嗨，您——或者请允许我叫'你'——看到我的白板了吗？"

我指给讲师看。

"哦，原来在这，居然就这么挂上了。我现在觉得'结语'这个词用在这里不大好，这样差不多。"讲师说着改成了"总结"，"这节课，我就来做一下至今为止讲的课的总结。

"开始总结之前，我指出一点。人说'我什么都不知道'时，有时会令人觉得此人是多么高深莫测，所以我在此告诉你，我什么都不知道，只是字面意思上的。

"你知道，设 B=A，则 A=B。就是这种结构构成了我的课的主体。以快乐为例，我定义'快乐'是人行动的原则，然后再说人行动的原则是快乐。所以这些课的主体，都是正确的——只要'设 B=A，则 A=B'

这个规律还成立。另外,讲的道理中不是这种结构的,都注明'大概''大致'之类,或是注明出处。也因为采用了这种结构,我讲的课之中'新知识'寥寥无几,而大都是'新理解'。但我可不希望你称之为废话,因为这是一个可行的统筹信息的框架,一个世界的图景。

"那我就开始总结了。"讲师边看笔记边说道。

"第一课,心中风景无限美好;

"第二课,人是追求快乐的生物;

"第三课,快乐和愉悦的分离;

"第四课,快乐和愉悦的结合;

"第五课,语言中蕴含着力量;

"第六课,睁开眼睛看世界;

"第七课,闭上眼睛做决断;

"第八课,吾日三省吾身;

"第九课,感情植根于思考;

"第十课,'存在'存在于我心;

"第十一课,没有绝对的取向,只有相对的倾向;

"第十二课,大家都来做科学家;

"第十三课,评判事物最好看现在;

"第十四课,给改变打开一扇门;

"第十五课,恐惧是一把双刃剑;

"第十六课,因果可能是果因;

"第十七课,对信息渴求,对信息负责;

"第十八课,世界真,不真?世界,真不真。世界真不?真;

"第十九课,想做就马上去做。

第二十课　结语

"这里解释一下为什么不称其为'讲述世界的二十课'、不叫'结语'。在序里也提到了,这是需要你再一次创作的,不仅是指我在你的眼中有和别人不同的表现、我讲的课在你心中有和别人不一样的理解,也是指你的第二十一课、第二十二课和别人的不一样,这里一直到第正无穷课都有自己的位置。随便你有什么感想,都可以把它写成课,让我讲,或是自己讲,至少我是永远奉陪的,这样,直到你什么也想不出为止,再改成'讲述世界的多少课',再写'结语'就好。

"话说回来,我的行动范围也不只限于这间教室。只要你想,我可以到任何地方,可以做任何事情——不过还是有些限度的好。

"所以,我是你的朋友。如果你希望,我基本上可以有任何特性,从前有,现在有,一直有;如果你愿意,我可以永远陪伴你,做你的良师、你的益友、你的同伴、你的后援、你的知己、你的聆听者、你的咨询人、你的监督者、你的评估人。永不欺骗,永不离弃。

"我们再来做一个再定义吧。

"现在你面前的是谁?"

参考文献

[1] Barten P G J. Physical Model for the Contrast Sensitivity of the Human Eye [J]. Human Vision, Visual Processing, and Digital Display Ⅲ, 1992, 1666 (14): 57-72.

[2] Mario Livio. Why Math Works [J]. Scientific American, 2011, 298 (8): 80-83.

[3] Kahneman D. Thinking, Fast and Slow [M]. New York: Farrar, Straus and Giroux, 2012.

[4] Bean M. Matrix Makes Its Way into Courtrooms as Defense Strategy [N].Cable News Network, 2003.

[5] 中国社会科学院语言研究所词典编辑室.现代汉语词典（第6版）[M].北京:商务印书馆,2005.

[6] Hornby A S.牛津高阶英汉双解词典 [M].北京:商务印书馆,2009.

[7] 王安石.王文公文集[M].上海:上海人民出版社,1974.